疗愈系的
手作毛线娃娃

怡 宁 著

重庆出版集团 ● 重庆出版社

热血、创意、梦想中的衣裳

想让大家看见我的作品，所以有了这本书。

一开始，娃娃完全是以滑稽的风格在闯荡江湖，早期那些没被编列在这本书里的作品应该还稳稳当当地站在许多朋友的家里默默流泪吧……所以啊，"熟能生巧"这句话是真的!

但是我想我还有很多关于手作的知识和技巧需要学习。

工作很忙，我常想：把工作做好才有更多的本钱发展自己的兴趣爱好! 但也因为工作太忙假日都不想出门。不出门，变宅女，宅女通常都有一件非常专精的事，就像我，穷极无聊之下的游戏居然累积摆满了家里的一面墙，心里充满满满的成就感和满足感。

有时候，我三四个月都不曾搬出材料来做娃娃，好像忘了这回事，有时候又很密集地连坐火车时都在缠绕毛线，我想应该有很多板桥到台北的上班族都曾看过我的疯狂举动吧! 哈哈!

所以我总是喜欢背着大包包，包里面会放一些简单的基本材料。

看我的心情，想做就做，不想做就休息。就这样，停停走走，一转眼，两年了。

玩这娃娃一点也不难，过程也不繁复，最重要的是材料成本非常低，并且对喜欢手作的人没有特定性质的限制，所以希望能以图片和文字的方式呈现给喜欢自己手作的朋友们。

另外，我要感谢我的表妹瑾，因为她在服饰设计部门任职，帮我找了不少我视为可遇不可求的布料和材料；还有我爸爸在纺织业有二十多年的资历了，因工作之便也会得到一些资源，嗯……还有一些送我衣服当材料的朋友们，在这里谢谢你们啦!

毛线娃娃一开始的灵感是来自于两年前和朋友去逛街时，朋友心血来潮花了一大把铜板，只是想得到在夹娃娃机内的巫毒娃娃。我盯着巫毒娃娃许久，心想：应该可以试做这个看起来难度不高的娃娃吧？不过我对手作一点概念都没有，只知道家附近有一间年代久远的手工艺品店，我随意地挑了数种看起来和巫毒娃娃材质类似的毛线开始玩玩看。

结果，我彻底地上瘾了！实在太好玩了！并不只是那种做过几个送人后就会满足的程度，而是许多想法都在毛线里发生了。

我发现市面上贩售的巫毒娃娃是采用非常坚固且坚硬的棉线，所以我决定使用柔软一点的毛线，从各式粗细材质开始做试验，直到现在才有了各种基本材料的确定。她们已经脱离巫毒娃娃的框框了，而是有独特的发型及衣服造型的娃娃。利用工作之余的时间设计及创造我的娃娃时尚王国，我的手作生活就是从这里开始的。没有基础，我唯一有的就是耐心和热情：我会在假日下午专注地做娃娃，特别是出现大太阳的冬天，阳光好像比夏天刺眼，让人想要大大地伸懒腰，然后开心地找布料比画娃娃的尺寸……

我的重点：比画出你想要的款式，然后想办法固定它。

我想告诉大家的是，不用纸型也可以手作出自己想要的娃娃，不太会缝，那就多用保丽龙胶水代替！不会打衣服的板型，那就随意剪出你想要的衣服款式！不论是短腿Q版或是人见人爱的黄金比例，依照你想要的造型随兴动手做，现在就开始收集亲朋好友可以捐赠给你的衣服及纽扣吧！

快！动手做个一看就会想到你的个性娃娃。

哎呀！
人家是善良又结合时尚与梦幻的娃娃啦！

开始之前

要准备的材料与工具

保丽龙球： 建议使用直径3厘米的保丽龙球。

铁丝： 粗／细。

辅助器具： 尖嘴钳、剪刀、保丽龙胶水

小编提示：保丽龙球与保丽龙胶水可在淘宝网（www.taobao.com）上买到。

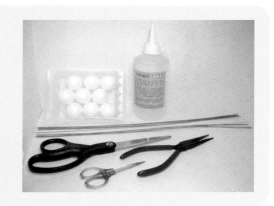

毛线

这些是我常用的颜色，一般使用的是手钩纱（中细）。很多都是亲友送的，这些是可以当成头发的毛线喔！

布料

发挥人脉的成果，必要时也是要送几个作品到亲友手上聊表心意啦！

针＆基本颜色的缝纫线

圆珠

黑色圆珠可以当眼珠，其余各色的圆珠也有很多可供发挥的空间喔！

蕾丝缎带、缎带花、小玫瑰花

各种造型的纽扣

可以收集家里不要的纽扣，它们的用途非常多，可以变成头饰、衣服上的配件，有时候也会变成包包喔！

别针

这种别针可以缝在娃娃的背上，也能用保丽龙胶水粘上固定。这样娃娃就可以别在包包或任何地方喔！

准备材料

缎带两条——娃娃胸围一圈的长度。

肩带两条——前腰到肩膀到后腰的长度。

裙子长度——（1）腰至膝盖×2；

（2）腰至膝盖的一半×2。

你可以决定裙子的长度，只要一长一短就可以做出像蛋糕一般的层次。（蛋糕裙的层次，两个裙长要有差异）

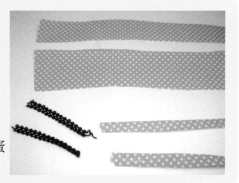

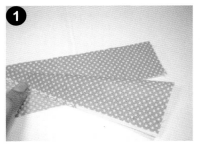

1 两块较长的相同大小的布料正面相对。

2 画出稍后要缝的线，边边预留8毫米至1厘米。

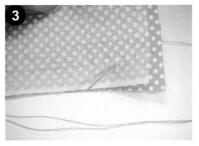

3 开始缝，只缝ㄇ字形，留返口，稍后要翻面。

4 像这样，只缝ㄇ字形，留一边翻面。

5 翻面，把正面翻出来。

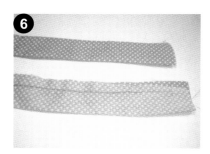

另两块较短的布也以相同的做法完成。

翻面之后，刚刚没有缝的一边可以涂上胶水往内折固定，往内收齐即可。

要开始做打褶的动作了。

请参考本书74页裙子做法四以平针缝后拉紧。

一上一下往前推进。

拉紧，调整到娃娃腰围的长度，收尾打结。

收尾打结后会这样。

两个裙摆一长一短，都是相同的做法。

先粘上衣，涂一点胶水。

15 准备两条细细的缎带，粘上去，作为娃娃的内衣。

16 两条肩带也粘上去，成"V"字形，以胶水固定。

17 于背后交叉，以胶水固定。

18 腰上涂胶水，要粘裙子了。

19 先粘较长的裙摆。

20 再粘短的裙摆。

21 背后调整一下，上胶水固定。

22 完成！可爱的蛋糕裙，层次可以任意变化，三层、四层都可以喔。

Contents

Level 1

入门俏皮款

Level 2

进阶服饰款

我从毛线变成娃——

入门俏皮款

水手服的迷思

高13厘米／宽8厘米

复制率最高的造型，
我也不懂为什么，
大家都喜欢——
我代表月亮消灭你！

做法参照 *P.85*

红色香颂

高13厘米／宽8厘米

快乐星期五下班后的轻松小聚会，
好久不见的姐妹淘，
你们最近好吗？

做法参照 P.85

晨跑小姐

高13厘米／宽8厘米

刚拿到这块布时觉得很简单可爱，
后来才知道这是某知名厂商出的
吸水抹布……
没关系！物尽其用是我们的宗旨！

绑上头巾去晨跑啰！
黑色的七分裤让我动作更利落了，
早上运动身体好喔！

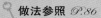 做法参照 *P.86*

可爱学院风

高16.5厘米／宽8厘米

人人都爱长腿妹，
Q版也有出头日。
Q版也一样可爱啦！

做法参照 *P.80*

讨喜猪明星

高15厘米 / 宽8厘米

拿麦克风的猪明星，
唱歌跳舞、摇摇摆摆真滑稽。

🔑 做法参照 *P.86 至 P.87*

什么呀！我累得脸都绿了！

上菜吧，店小二！

高13厘米／宽8厘米

店小二手上的抹布也太干净了，
都没有认真擦桌子吧！

做法参照 *P.87*

来跳A Go—Go吧！

高13厘米／宽8厘米

属于我们爸妈的那个年代的style——
夸张的几何图案再加上复古的发型，
来疯狂跳扭扭舞吧！

✂ 做法参照 *P.87*

埃及王子

高13厘米／宽8厘米

黑头发、古铜色的皮肤，再系上一些金葱缎带，
我就是埃及王子。

🔑 做法参照 *P.88*

湖边的野餐约会

高13厘米／宽8厘米

呢喃飘向湖畔，在低空回荡，
细细耳语轻笑出声，
就这样挥霍一个下午的时光，
真是简单的幸福！

做法参照 *P.88*

牛角小姐

高14厘米／宽6厘米

一见你就笑，
你那尖尖的角太美妙……
我是牛角面包最好的代言人！

 做法参照 *P.88*

我从毛线变成娃——

进阶服饰款

参观展览

高14厘米／宽8厘米

出门前一定要检查服装仪容，
可别忘了搭配整体造型的帽子。

🔑 做法参照 *P.89*

千金小姐逛大街

高14厘米／宽8厘米

这是一块百褶裙的布料，

拿到时还想着，太好了！

这下连熨都不用熨了！

做法参照 *P.89*

受不了的雍容华贵

高15厘米／宽8厘米

我想做出官太太的样子，
雍容华贵地在宴会大厅里穿梭，
温柔婉约地低声与人交谈！

🔑 做法参照 *P.89* 至 *P.90*

我平常都穿成这样去买菜！

乳牛包太太

高14厘米／宽8厘米

要贤惠也要时髦！
顾完家庭顾自己。
就算为人妻也要懂经济！

做法参照 *P.90*

普普风candy girl

高13厘米／宽8厘米

普普风来啦！
色彩鲜艳的几何图形，
扰动你空中飞舞的视觉焦点。
看我！看我！

做法参照 *P.90* 至 *P.91*

圣诞节的欢乐气氛

高16厘米／宽8厘米

红色是这个节日的必备元素。
再戴上毛呢帽，
暖呼呼地过圣诞节吧！

🔑 做法参照 *P.91*

经营香草农场的妇人

高15厘米／宽8厘米

头发是一卷剩余的毛线做成的，是在无意间得到的。

我也不知道这是什么材质，也找不到线头在哪儿。

干脆啦！整卷都装到娃娃的头上去，

调整一下，再拿缎带一紧，

整个娃娃立刻就有异国风情的感觉。

做法参照 *P.91*

到淡水河边喝杯咖啡吧！

高15厘米／宽8厘米

做法参照 *P.92*

超短刘海＋休闲长裙，
我是一个悠闲随性的个性女孩。

北国少女不怕冷

高14厘米／宽8厘米

我坐在柔软的沙发上，面对着温暖的壁炉，
再给我一杯热拿铁吧！

做法参照 *P.92*

猫小姐——喵呜～

高14厘米／宽8厘米

在短裙底下，
性感的网袜，
是藏不住的青春，
在向外张望。

做法参照 *P.92* 至 *P.93*

黄柠檬小甜心

高13厘米 / 宽8厘米

惊喜，躲在哪一个框框里？
守候秘密的是我这个——
黄柠檬小甜心。

做法参照 *P.93*

中东肚皮舞娘

高17厘米／宽8厘米

看我柔软的肚皮和婀娜多姿的舞技，
释放神秘又热情奔放的舞蹈。

做法参照 *P.93* 至 *P.94*

韩剧里的
Office Lady

高16.5厘米／宽8.5厘米

喔，天哪！
开会开到这么晚！
俊赫哥已经在门口
等很久了吧！

做法参照 *P.91*

下班后到我家
去吃辣拌面吧！

不要！
我想吃凉拌黄豆芽和辣炒年糕。

韩剧里的Office Lady

高16.5厘米／宽8.5厘米

常常一边看韩剧一边做娃娃，
发现剧中的OL真是优雅又具时尚感。

做法参照 *P.94* 至 *P.95*

海岛民族的祭典

高16.5厘米／宽8.5厘米

霞意染满了整片天空，
海滩上的庆典才正要开始。
圆圈象征了幸运，
诚心祈求来年的大丰收。

做法参照 *P.95*

极简派海军风

高16.5厘米／宽8.5厘米

永远都不会过时的蓝白色系，
是我最喜欢的夏天颜色，
啊！
透心凉！

🔑 做法参照 P.95至 P.96

化装舞会——跳跳青蛙女

高16厘米／宽8.5厘米

青蛙的眼睛在我的头上。
化装舞会我最抢眼！

做法参照 *P.96*

慵懒俏女佣

高15厘米／宽8厘米

她是女佣？

穿这样工作？

做法参照 *P.96* 至 *P.97*

好天气！
到河堤放风筝吧！

高15厘米／宽8厘米

暖色系洋装的甜美风，
搭配酷酷的骷髅包包！

骷髅包包是造型纽扣，
很酷又很有型，
朋友觉得很阴森所以转送给我！

 做法参照 *P.97*

最后的纪念——冬季

高15厘米／宽8厘米

每个人的一生中，
总会出现几套制服。
这套对我而言，
特别有感情，
也是珍贵的回忆，
献给你——红色的招牌。

纪念版纯欣赏

最后的纪念——夏季

高15.5厘米／宽8厘米

天气开始炎热起来，
换上崭新的夏季制服，
即是初夏的新气象！

🔑 **纪念版纯欣赏**

戴了画家帽
也不见得是画家

高15厘米／宽8厘米

这是一件朋友的衣服，
她说太性感了不敢穿，
送给我打造娃娃王国。
我按照原本差不多的款式来缩小成
娃娃的洋装，
多余的布料就做帽子、包包……

做法参照 *P.97* 至 *P.98*

魔术师的性感助理

高16厘米／宽8厘米

我是性感惹火的助理。
凭我身上这套服装，
可以请魔术师把我变到巴西
参加嘉年华了耶！

做法参照 *P.98* 至 *P.99*

性感的紫色透明丝袜
衬出我修长的双腿；
银蓝色富有现代感的蓬蓬裙……
让我没办法坐下……

时尚Party我最靓

高16厘米／宽8厘米

🔑 做法参照 *P.99*

我从毛线变成娃——

特殊人物造型款

散步到澡堂

高14厘米／宽8厘米

在我的人物造型中，
浴衣娃娃或和服娃娃都是经常出现的人物。
这件浴衣是用在大卖场买的手帕做出来的，
很多手帕的图案都很美丽，
可以多加利用喔！

做法参照 *P.99*

《倚天屠龙记》——小昭

高15.5厘米／宽8厘米

做了古装造型后，我才发现古装也分外出款和居家款，太有趣了！

一开始的灵感来自于《倚天屠龙记》电影版里面的小昭（邱淑贞饰的那个版本），

那是我个人最喜欢的小昭版，两个"8"字形的大圈圈发型，看起来就聪明伶俐！

🔑 做法参照 *P.99* 至 *P.100*

宝剑不离身

高15厘米／宽8厘米

得到一块白底红玫瑰的布料，
喜滋滋地想做出小龙女之类
武功高强的侠女，
完成之后再找了一把剑
让她确确实实地拿着，
不时地练一练剑法。

🔑 做法参照 *P.100*

未来感机器人

高16.5厘米／宽8厘米

顶着南瓜头的女机器人，
不管什么任务，
使命必达！

做法参照 *P.100*

新娘

高16.5厘米／宽8厘米

新娘，她原本是我设定的终极人物，

但是在一次参加了喜宴拿到喜糖小物的素材后，新娘就提早诞生了。

头纱可以盖也可以往后掀喔！

🔑 做法参照 *P.100至P.101*

苏可可的烘焙坊

高16.5厘米／宽8厘米

不愧是烘焙坊的老板娘，
还穿着蛋糕裙呢！

做法参照 *P.7* 至 *P.9*

彤言彤语
——儿时记忆

高16.5厘米／宽8厘米

印象中姥姥家的大红花棉被套，
有点沉甸甸又有点怀念，
我要让它变时尚！

做法参照 P.101

草莓奶沙粉红飘

高16.5厘米／宽8厘米

这件裙子和发型
一直让人有一种无重力的感觉，
就像……所有人都站在地面上，
只有她是飘浮在半空中。
（不是鬼！）

🔑 做法参照 *P.101* 至 *P.102*

喷泉精灵

高16.5厘米／宽8厘米

许愿吗？

我一动也不动地看着人群的潮起潮落。

围绕我四周的是喜怒哀乐，

而我听到的，是你内心的声音……

做法参照 *P.102*

Flora 芙萝拉

高16.5厘米／宽8厘米

罗马神话中春之女神及百花女神，
她应该没想到可以搭上今年流行的罗马鞋！
手上拿的武器是居家必备的棉花棒！

做法参照 *P.102*

1

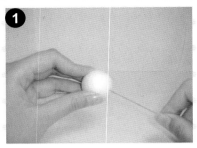

将铁丝插入保丽龙球。要当躯干的铁丝建议用粗一点的，这样身体才不会太软喔！

2

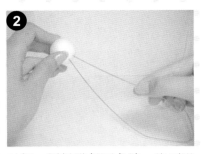

对折，再插进保丽龙球，也可以先对折再同时插入两个洞，顺手就好。

3

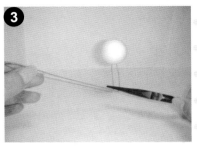

往上绕。

4

继续往上绕。

5

上躯干完成。刚刚对折的地方会产生两个圈圈，调整一下，之后要制作接脚部分的铁丝喔！

6

拿细铁丝穿过任意一个缝隙。

7

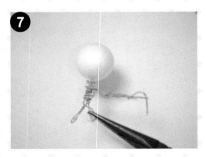

穿过缝隙后对折回来，多余部分再来回地缠绕出手臂。

8

另一边也是相同，之后再丈量两只手有没有绕出一样的长度。

9

穿过刚刚调整出的两个圈圈，折出脚的长度后，多余的部分再开始来回地缠绕。

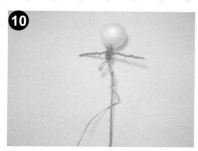

先缠绕一只脚，再缠另一只脚。

两只脚都完成后把圈圈压紧，这样两只脚才不会晃来晃去。

完成！准备缠毛线啰！

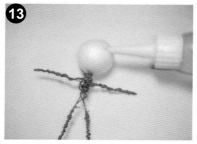

在保丽龙球上涂一层保丽龙胶水。

开始绕毛线，一边绕一边调整角度，只要别露出保丽龙球就可以了。

注意：如果想要当成吊饰，在绕头部时需预留一截长约10厘米的线作为挂绳，这样就可以随意地挂在包包上或是任何你想放的地方啰！

绕完保丽龙球后接着是绕身体。

身体绕几圈后再由手臂绕到脚，顺序自己决定，只要最后收尾收在背部即可。

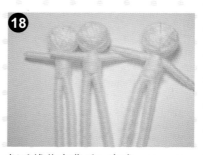

把毛线收在背后，完成。

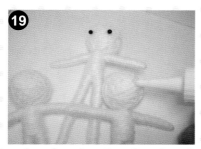

以保丽龙胶水在眼睛位置各点一滴胶水，以固定眼睛。

完成了！

完成了吗？

娃娃的服装

简易长袖篇

1 直接在布料中间剪出一条直线。

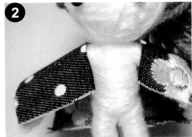

2 由后往前围。

3 涂上胶水固定。

4 简单上衣完成。

从基础开始!

长袖篇

1 布料大约是娃娃肩膀3倍宽的宽度,将娃娃放置于布中央。

2 将两端往前拉。

3 从腋下剪开。

两边都剪开。

若袖子太长，可修剪一下，剪到你想要的长度。

娃娃的手臂涂上胶水，把袖子压紧粘合。

另一边也涂上胶水，压紧粘合。

修剪下摆到适合的长度。

娃娃的身体也涂上胶水。

袖子粘好后可以拿小剪刀修剪掉一些线头，上衣前片也是粘至所要的角度。

长袖上衣完成。
那些毛边是布料买来时就做好的处理，保留下来有很好的修饰作用喔！

无袖篇

依照娃娃的基本身型画出衣型后剪下。

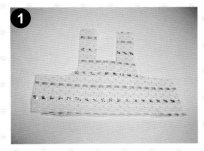

涂胶水固定。

简单的上衣完成。

1 剪前后各一片，以拼接方式粘上。

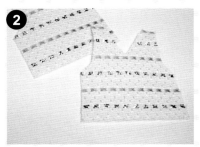

2 前面提到的布边的线头，可以用胶水涂上一层，待干了之后，用小剪刀修剪一下。

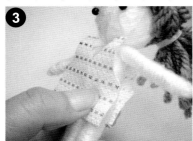

3 一前一后。

4 在接缝处涂上胶水。

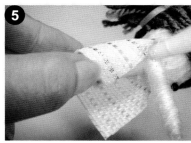

5 布边也涂上胶水。

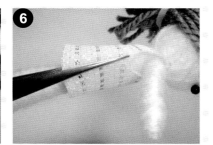

6 以镊子压住，固定一下。

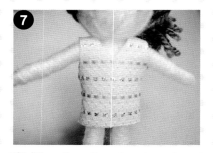

7 完成！

将珍藏的压箱宝拿出来做娃娃吧！

不对称服装篇

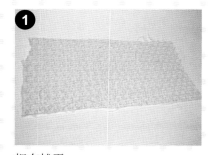

1 把布摊平。

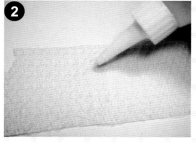

2 在中间涂一层胶水。

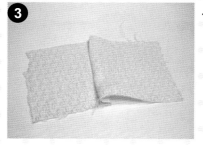

3 如图往旁边折一折。

4 随意地修剪，稍微剪出一个领口的形状。

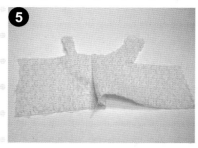

5 在斜左边的方向涂上胶水。

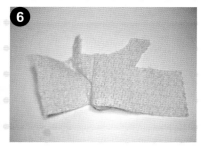

6 折一至两褶，不平均也没有关系。

7 以胶水固定布褶。

8 粘上娃娃的身体，依所要的方向角度调整。

一点都不复杂喔！

※关于布缘虚边部分，我会建议在布的四边涂上一层薄薄的保丽龙胶水。等胶水稍微干了之后，再进行一次修剪，这样就不会一直脱线啰！

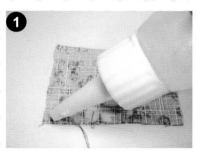

1 四边都涂上一层薄薄的保丽龙胶水。尽可能地缩小胶水范围，否则等一下缝裙子时针会穿不过去喔！

2 涂了胶水后稍等一下，等胶水干了再进行下一步。

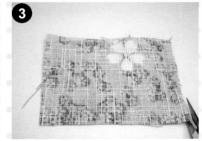

3 将四边以锐利的剪刀修剪一遍。

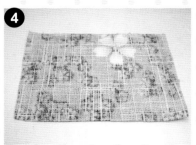

4 修剪完毕！这样布边就整齐了。

5 翻面后，整齐又干净的布料就可以大展身手啰！

裙子篇

关于裙子，有很多打褶法，我常随意地抓皱固定，就算是相同的固定方法也会随着布料的软硬度而变化出不同的感觉。这里的步骤并不是绝对的做法，多尝试各种布料就会有些心得喔！

【裙子做法一】

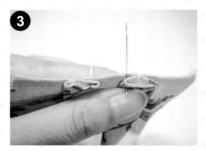

裁好一小块布。布宽大约是娃娃腰围的2～3倍，这样才有抓皱的空间喔！我常常有很多的布料都是刚好只有一小块，一小块也有很大的作用！

活褶固定，因为娃娃平常也不会自己去运动，所以用大约2～3针固定即可。

打两褶即可，如果你的娃娃是放大版，那可以视情况多打几褶。

完成！
以保丽龙胶水在娃娃腰上固定，这条裙子的打褶方式穿起来就是这个样子喔！

【裙子做法二】

裁好一小块布。布料的宽度大约是娃娃腰围的2～3倍，这样才有抓皱的空间喔！

这和前一个打褶方法不太一样喔，一个是往内折，一个是往外折，穿到娃娃身上就会有不一样的效果。

打两褶。

4

完成！以保丽龙胶水在腰上固定，这条裙子的打褶方式穿起来就是这个样子喔！

5

你还可以这样做：在下摆处用相同的方式再固定一次活褶。

6

裙头与裙摆用相同的距离方法固定。

下摆打褶固定后，
会更像灯笼裙。

CHU～♪

【裙子做法三】

1

裁好一小块布。布料的宽度大约是娃娃腰围的2～3倍，这样才有抓皱的空间喔！

2

用有点像百褶裙的方式缝制固定。

3

一褶接一褶，以缝线固定。

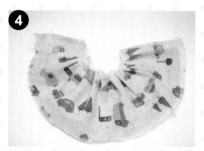

4

边缝边量娃娃的腰围，做弹性调整。

5

以保丽龙胶水在腰上固定。

美吧！

【裙子做法四】

1 裁好一小块布。布料的宽度大约是娃娃腰围的2～3倍，这样才有抓皱的空间喔！

2 以平针缝的方式，一下一上，向前推进，收尾不要打结喔！

3

4 缝好了！准备拉紧。

5 使劲！边拉紧边做调整，将皱褶调整均匀。

6 调整到和腰围同宽时再收尾、打结。

7 以保丽龙胶水固定。很多时候布料买来时已经做好布边的处理，我常常保留起来，不会一口气就剪掉，那些虚边会是很好的辅助。

8 以保丽龙胶水在腰上固定，这条裙子的打褶方式穿起来是这个样子喔！

美丽的裙摆完成！

裤子篇

找一块稍微有硬度、适合做成西装裤的布，向里对折，画出长方形，长方形宽度至少是娃娃腿围的2倍。（预留缝线宽度，西装裤本来就是穿得宽宽的！）

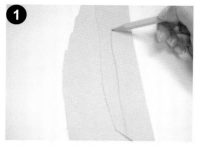

市面上有空消笔、水消笔等专业工具，只要用得顺手即可。这个部分缝好后会翻面，所以不会看见铅笔笔迹。

画好长方形后，裁掉多余的布料，预留长宽比长方形多8~10毫米。要做两个裤管喔！

沿着刚刚画的笔迹开始缝，只要缝这一直线即可。

只缝这一直线。

翻面。腰头和裤管各以胶水往内折一点点后固定。

拿熨斗熨一下，西装裤一定要笔挺！

以相同的方式做出两个裤管，缝线朝内，套至腿上。

裤裆以胶水固定，腰上也涂上保丽龙胶水，固定裤子在身体上的高度。

完成！OL的帅气西装裤！

袜子篇

在袜子预定的高度处涂上胶水。

袜子尽量选择弹性布料，将袜子卷一折，接缝在背后固定。

两脚完成！

【网袜】

以螺旋方式由上往下绕腿。

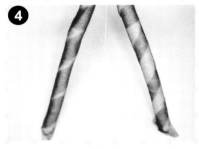

可以边绕边涂一点胶水固定，慢慢往下。

另一腿也以相同的方式进行，两脚完成后就是有层次感的性感网袜。

娃娃的发型

中分绑发篇

示范几个发型变化，动手玩玩看！

由后方开始一根一根粘上。

再粘一层。

陆续增加发量。

由上往下看的样子。

使用铅笔让头发有膨松感。

确定角度后以胶水固定。

在较空洞处再补一些毛线。

分出发线。

多一些边分的刘海。这样是一个发型，往下还可以继续变化！

再稍加变化，还可以有不同的效果！

改变前。

剪一条长一点的毛线。

后面系一下。

这发型会太单调吗？

帮她在头上加两朵可爱小花。

小花加在头上会太招摇吗？不然加在侧边，一朵就好。

什么？就是喜欢更招摇一点！那就在头上两边各加一朵。

绑成两边，小花放在"发圈"中间也可以。

完成啰！

长发篇

先剪好一些长度约6厘米的毛线备用！

在娃娃的头上涂胶水。

一根一根粘上，先在外围粘上一圈。

粘的过程会有点滑稽，但是别担心，完成后会很有成就感。

头顶再涂一层胶水。

瞧！一头丰盈的头发出现了。

如果你想要更多的发量，可以分成三层甚至四层慢慢粘上毛线。

以剪刀或镊子压一下中分的发线。

这样的发线更逼真。

10

刘海可以偏分，发流任你决定！

11

你也可以这样——
整理一下毛线，全拨到旁边。

12

你还可以这样——
旁边随意抓几根到后面绑起来。

绑发篇

1

毛线一根一根粘上后，可以随意
系成公主头，缎带很好用喔！

2

正面看起来是这样。

3

扎紧马尾。

4

侧绑。

5

以缎带穿梭在毛线中，将缎带头
藏在毛线内部，以胶水固定。

6

背后看起来像这样子。

台南意面头篇

1

将选定颜色的毛线剪成一段一
段，长度由你决定。

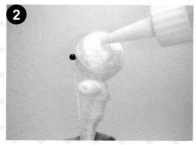

2

头上涂上一层保丽龙胶水。

3

先粘上一排，由下往上。一开始
的步骤会呈现滑稽的模样，完成
后会很有成就感喔！

一层一层粘上毛线，想制造出多么丰盈的发量都行。

额头太高，加点刘海。

斜边的刘海。

开始啰！将毛线每一根都再分解开。毛线逆向旋开，应该都可以轻易将毛线分解。

很期待全部分开会有什么差别。

拆好了！背后看起来会像这样。

正面的样子，两边若不太对称就直接用剪刀修剪。

加一朵小花。

绑头发的发束，有弹性又好用，还可以变成头巾。

短发篇

不同长度的毛线。

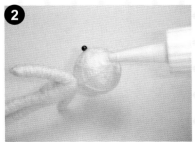

头上涂胶水。

先粘一层短毛线。

4

分段上胶水。

5

分层次粘上毛线。

6

分段后再涂胶水。

7

直到把头顶都粘上毛线为止。

8

修剪参差不齐的毛线。

9

在内层涂一层薄薄的胶水。

10

像这样子！

11

拿小剪刀或是镊子往内压，盖住刚涂上的胶水。

12

往内收之后，BOBO头就出现了。

13

可以动手修剪至理想中的长度。

14

剪完后有点怪，因为少了刘海。

15

BOBO头侧面。

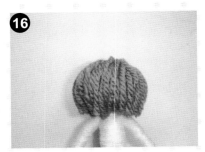

16

后面。

17

你可以这样做——
刘海可以是斜的，剪几根短的毛线粘上去。

18

你还可以这样做——
也可以是很厚重的妹妹头刘海。

盘发篇

1

头上涂胶水。

2

头发一根一根粘好后，抓起左上方一把后扭转。

3

在隐密的地方涂胶水固定。

4

左右两侧做法相同。

5

正面看起来像这样，可以再加些刘海。

6

或是这样——
从长刘海开始卷。

7

在隐密的地方涂胶水固定。

8

再来一卷。

9

再卷。

卷好往同一边拨。

缎带在侧面把头发扎起来。

完成！

道明寺妈妈头篇

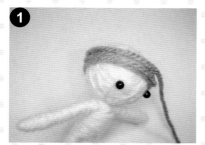

先缠绕数圈。

绕数圈后，中间部分用一根根毛线填满。

看起来像这样。

抓起前面一把，扭转。

一边扭转，一边找隐秘的地方以胶水做固定，把胶水部分藏起来。

转好刚刚那一把毛线后还剩一些没有收的毛线。

下方涂胶水，剩下的毛线粘在上方并收好。

左侧。

右侧。

配件篇

❶ 备好布块。

❷ 内折后缝两针固定。

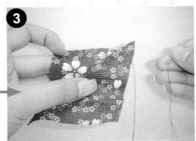

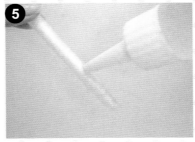

❹ 再一折缝两针固定。

❺ 脚上涂胶水。

❻ 粘上。

❼ 接缝处都收到后面。

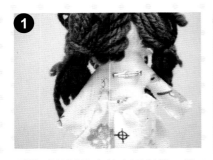

❽ 蝴蝶靴完成!

❶ 别针可以用胶水粘也可以缝,缝的会比较坚固。

灵活运用做法喔!

❷ 将娃娃缝上别针后可以别在包包或是任何想放的地方。

娃娃做法篇

入门俏皮款

水手服的迷思

高13厘米／宽8厘米

材料

1. 完成基本身体。

2. 只需白色、蓝色及红色的毛线就可以完成这个可爱的水手服娃娃啰！

做法

1. 以缠绕身体的方式绕出短袖的上衣。

2. 裙子：拿出蓝色毛线，剪出一根一根你想要的裙子长度，在腰部涂上一层保丽龙胶水，以直式的一根一根粘上去。（要密集一点！不然会露底喔！）

3. 再以蓝色毛线在腰上绕数个圈圈。（刚刚毛线粘不齐的部分这时就可以做个收尾的动作喔！）

4. 衣领：再以蓝色毛线沿着上衣领口的边缘绕两圈。

5. 红色领结在领口中心点缀一下，完成啰！

◎发型请参考P.76至P.83。

红色香颂

高13厘米／宽8厘米

材料

1. 完成基本身体。

2. 米色和红色毛线。

3. 依个人喜好找一块可以当披肩的小布料。

做法

1. 裙子：米色的毛线当内层，再将红色毛线粘在外层，红色要比米色短一点才看得到层次喔！

2. 上衣：再用红色毛线缠绕上身，就完成平口小洋装了。

3. 绒布剪成有点像半圆形当做披肩，下摆内部上一点保丽龙胶水往内粘，披肩才不会往下滑。完成了！

◎发型请参考P.76至P.83。

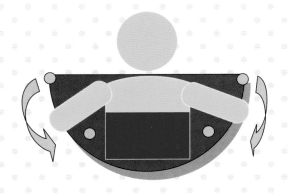

补充：上方圆点处往下覆盖手臂后，于下方圆点处以胶水固定。

晨跑小姐

高13厘米／宽8厘米

材料

1. 完成基本身体。
2. 黑色毛线、布料、亮面缎带。

做法

1. 裤子与绕身体的方式相同。
2. 剪一块长方形的布围上半身两圈，如下图。

毛线娃娃胸围宽的两倍

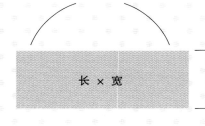

长 × 宽

胸口到膝上的高度

3. 粘上漂亮的缎带，把毛线头或缎带头都往后藏，完成了！

◎发型请参考P.76至P.83。

可爱学院风

高16.5厘米／宽8厘米

材料

1. 完成基本身体。

2. 黑色的毛线，格子布，亮片或小花、小珠。

做法

1. 以缠绕身体的方式绕出短袖的上衣。
2. 剪出两条吊带，大约是前腰到后腰的长度，在吊带两端的地方上保丽龙胶水，粘上。
3. 格子布可以剪出——

或是——

的裙子形状，长度可以稍微量一下你的娃娃。斜角在前方比较活泼，以保丽龙胶水粘上去。

4. 亮片及小花派上用场啰！小亮片以保丽龙胶水粘上，作为娃娃的纽扣装饰后即完成了！

◎发型请参考P.76至P.83。

讨喜猪明星

高15厘米／宽8厘米

材料

1. 完成基本身体。

2. 绿色毛线、约2厘米长的铁丝（用来做麦克风）、红色及黑色毛线、不织布、两孔的漂亮扣子（用来做猪鼻子）。

做法

1. 裤子与绕身体的方式相同。

2. 上半身交叉绕，松松的就可以。不织布依娃娃的头围剪出扇形，以保丽龙胶水固定成帽子状再粘到娃娃头上。

3. 麦克风：黑色毛线绕上两厘米的铁丝，再以红色绕出麦克风头，将麦克风固定到娃娃手上。

4. 以胶水将两孔的扣子固定在娃娃脸上后，猪明星即完成了！

上菜吧，店小二！

高13厘米／宽8厘米

材料

1. 完成基本身体。

2. 褐色毛线、咖啡色毛线、不织布。

做法

1. 褐色毛线以缠绕身体的方式先绕裤子，再绕上半身的衣服和袖子。

2. 咖啡色毛线从前领绕到脖子后方又回到前方，从前方看有一点"Y"字形，再剪下一截在腰上绕两圈后打个结。另找一块抹布让店小二拿着吧！

3. 在娃娃头上涂一层保丽龙胶水，不织布前缘往上折一小段，沿着头围粘上，头顶的不织布往后折。所有要固定的地方都使用保丽龙胶水固定，只要胶水不要露出即可。（不然干了会变成白白的！）

来跳A Go—Go吧！

高13厘米／宽8厘米

材料

1. 完成基本身体。

2. 夸张几何图形的弹性布料、小亮片、毛线、网纱。

做法

1. 以胶水将裤子固定于腿后方。

2. 蓬裙：网纱剪成小片子弹形状，一片片粘上，以制造蓬松感。

3. 毛线如图在前方做交叉后绕身上数圈，将线头隐藏在背后。

◎发型请参考P.76至P.83。一根一根粘上后，在发尾涂上胶水，往内卷固定。

埃及王子

高13厘米／宽8厘米

材料

1. 完成基本身体。

2. 金葱缎带、金色珠子。

做法

如图片位置将金葱缎带及金色珠珠，以保丽龙胶水固定。

◎发型请参考P.76至P.83。

湖边的野餐约会

高13厘米／宽8厘米

材料

1. 完成基本身体。

2. 缎带、布。

做法

1. 上衣：视布料的厚度决定是否对折使用，上身围一圈后以胶水固定于背后。

2. 裙子：参考裙子做法三，间距可宽一点，三至四褶即可。

3. 缎带是很方便又有修饰功能的材料，加上缎带于背后固定完成。

◎发型请参考P.76至P.83。

牛角小姐

高14厘米／宽6厘米

材料

1. 完成基本身体。

2. 点点回纹带。

3. 缎带（发饰）。

4. 蕾丝。

做法

1. 剪一段适长的回纹带，长度为胸前绕脖子一圈回到胸前，以胶水固定（回纹带太宽可以对折使用）。

2. 上衣：适长的回纹带扭半圈，接近像蝴蝶结的线条，以胶水固定于背后。

3. 裙子：剪数片回纹带，长度也就是裙子的长度，于腰部涂上一层胶水，直式粘贴于腰部，一片一片粘贴尾端往内拗，用胶水固定，制造出蓬松感。

4. 蕾丝：依个人喜好决定，可以直式围一圈，也可以往下斜绕，于脚背后以胶水固定。

◎发型请参考P.76至P.83。先分成两边，再横式往上缠绕，到最尖角的地方再缠回头部加强硬度，另一边做法相同。

参观展览

高14厘米／宽8厘米

材料

1. 完成基本身体。

2. 素色布（上衣）、
   小碎花布（裙子）、
   缎带。

做法

1. 上衣请参考上衣无袖篇做法，修剪布料成前
   与后，用拼接的方式将上衣粘上。

2. 裙子请参考裙子做法一。

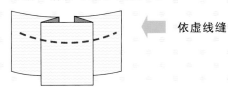

依虚线缝

◎发型请参考P.76至P.83。

千金小姐逛大街

高14厘米／宽8厘米

材料

1. 完成基本身体。

2. 内里布、纱、黑色亮面缎带。

做法

1. 先以胶水粘一层内里。（纱较透明，如果想
   走裸露路线即可省去内里布！）

2. 纱打褶请参考裙子做法三，在裙头以黑色亮
   面缎带粘一圈。

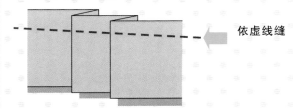

依虚线缝

3. 完成后再覆盖于刚刚已先粘好内里的身体上。

4. 黑色亮面缎带做出蝴蝶结后粘上。

5. 披肩：将布剪成半圆形，下摆内部上一点保
   丽龙胶水往内粘，才不会往下滑（可参考红
   色香颂的步骤P.85）。

◎发型请参考P.76至P.83 BOBO头的做法。

受不了的雍容华贵

高15厘米／宽8厘米

材料

1. 完成基本身体。

2. 黑色长条形布×2、橘色五角形布、官太太会
   喜欢的纱裙。

做法

1.

裁一道穿布口

由下往上穿出

于顶端固定另一条黑色长方形

2. 固定在身体上后，两条黑色带子顺方向绕着身体以胶水固定即可。

3. 裙子请参考P.72裙子做法一，间隔不用太密集，两个褶就好。

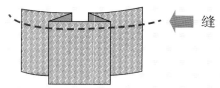

缝

4. 以胶水固定于身体上。

◎发型请参考P.76至P.83。

乳牛包太太

高14厘米／宽8厘米

材料

1. 完成基本身体。

2. 布、缎带、亮面缎带。

做法

1. 裙子请参考裙子打褶做法三，完成后以胶水固定于身体。

2. 再以胶水粘合平口上衣（乳牛包太太的上衣中间，像糖果一样，以缎带扭一圈固定）。

3. 脖子上的带子绕到胸前，以其他颜色的缎带绑一圈，看起来就像缎带洋装。

◎发型请参考P.76至P.83。

普普风candy girl

高13厘米／宽8厘米

材料

1. 完成基本身体。

2. 普普风格布一片、亮面缎带、糖果珠（头饰）。

做法

1. 布料上下都各往内折约半厘米，上面以裙子做法三的方式打褶，下摆以裙子做法四的方式平针缝后拉紧，边缝边在你的娃娃身上试穿。

2. 以胶水固定于身体上。

3. 亮面缎带轻绕脖子两圈，以胶水固定。

◎发型请参考P.76至P.83。

圣诞节的欢乐气氛

高16厘米／宽8厘米

材料

1. 完成基本身体。

2. 针织毛衣、横条布。

做法

1. 以平口方式围一圈制作平口洋装，袖子部分则分开进行。

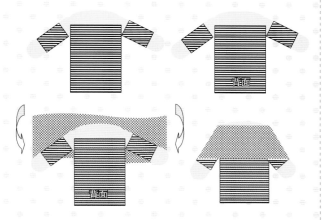

2. 将针织披肩以胶水固定于身体上。

3. 袜子请参考P.76袜子篇。

4. 帽子：可以照头型围上，于头后方以胶水固定。

◎发型请参考P.76至P.83。

经营香草农场的妇人

高15厘米／宽8厘米

材料

1. 完成基本身体。

2. 红色肩带×2、素色布（黄色平口上衣）、和风图案布（裙）。

做法

1. 将两条红色肩带粘上身体。

2. 黄色平口上衣也粘上。

3. 裙子的制作方式请参考裙子做法三。

沿着虚线缝

4. 裙子缝好后以胶水固定于身体上。

◎发型为其他种类毛线直接粘上头部，再以缎带装饰并调整。

到淡水河边喝杯咖啡吧！

高15厘米／宽8厘米

材料

1. 完成基本身体。
2. 素色布（上衣）、外层毛裙、白色蕾丝布（裙）、蓝色发带。

做法

1. 白色蕾丝布一层太薄，可以对折使用。量一下娃娃的腰围，再将外层毛裙粘上白色蕾丝布，增加层次感，最后粘上身体。
2. 上衣请参考P.70不对称服装篇。
◎发型请参考P.76至P.83。

北国少女不怕冷

高14厘米／宽8厘米

材料

1. 完成基本身体。
2. 毛绒绒的布（裙子及靴子）、条纹绒布一条。

做法

1. 上身：条纹绒布往内折，一头于身体前方以胶水固定，一头先绕到脖子后方再回到前方，与刚刚的固定点做交叉（没错，就是穿得这么清凉）。
2. 毛绒绒的布直接剪下大小适合裙子的尺寸，直接以胶水固定。
3. 靴子的部分也是，布料绕一圈后于脚后方做固定，可以任意变化长靴、短靴。
◎发型请参考P.76至P.83。

猫小姐

高14厘米／宽8厘米

材料

1. 完成基本身体。
2. 小家碧玉小花布一块（上衣）、点点小花布一块（裤子）、缎带、性感黑色网纱（袜子）。

做法

1. 上衣：以平口方式绕一圈，以胶水于身体背后固定。
2. 上衣下摆：剪一段短短的布后打褶拉紧（参考裙子做法四），以胶水粘在刚刚平口上衣的下方处。
3. 袖子：宽约为娃娃手臂两圈，预留抓皱空间，上下两边往内打褶（才不会看见袖子里的反面布料），最后再以裙子做法四拉紧。
4. 两个袖子再分别以胶水粘在手臂上。

5. 短裤请参考裤子的做法，依相同的方法，缝
　　出两个短短小裤管套上即可。

6. 袜子请参考袜子的做法。

◎发型请参考P.76至P.83。

黄柠檬小甜心

高13厘米／宽8厘米

材料

1. 完成基本身体。

2. 黄柠檬甜心布一块、绿色蕾丝布、缎带（腰
　　带）。

做法

1. 布缝匸字形后翻出正面，以胶水粘合缺口。

沿着虚线缝

2. 翻面后的长方形，稍以"V"字形衡量一下
　　身体。如图所示，前方剪一刀缺口，确定缺
　　口位置后，两端往后包覆，以胶水于身体背
　　后固定。

**剪出一个
小缺口**

3. 缺口往左扭转，以胶水固定出角度。

4. 腋下也各剪一小刀，粘合出袖子（可参考
　　P.68）。

5. 裙子：将布料对折抓皱，以平针缝后拉紧，
　　可参考裙子做法四。

往上对折

对折处抓皱，开始缝

6. 粘上绿色蕾丝布或是蕾丝缎带，让裙子多点
　　色彩。

7. 缎带先对折，绕一圈到前面穿出对折产生的
　　圈圈。

◎发型请参考P.76至P.83。

中东肚皮舞娘

高17厘米／宽8厘米

材料

1. 完成基本身体。

2. 可遇不可求之金光闪闪胸罩。

3. 蕾丝布（白、绿）。

4. 3毫米宽金葱缎带。

5. 耳环一只（头饰）。

6. 各式小珠（腰饰）。

7. 鱼线（腰饰：串起小珠）。

做法

1. 将亮晶晶的胸罩以胶水粘上。

2. 裤子：若是不好缝可以胶水代替。剪出裤子的适当长度及宽度，围上后以胶水做固定。

3. 腰饰：蕾丝剪出子弹形状数片，一片一片粘上。

4. 串上小珠后粘在腰部。

5. 金葱缎带可以修饰刚刚小珠粘得不完美处，也可以加强造型度。

6. 将耳环以胶水固定或直接插进保丽龙球。

◎发型请参考P.76至P.83。先在外围粘上一圈毛线，头顶沿圆形方向绕并固定。

做法

1. 上衣：请参考上衣做法，剪出适合大小的衣形两片。

2. 裤子：请参考裤子的做法，小腿裤管要画窄一点，因为这件是AB裤。

3. 将黑色缎带以胶水粘于吊带位置。

4. 高腰带：宽度约为娃娃的腰围，长方形布两片，依虚线缝出匚字形。

翻出正面后剩一边缺口以胶水粘合。

5. 于高腰带前方缝上六颗亮珠做装饰。

◎发型请参考P.76至P.83。先粘底层的毛线一圈，再粘头顶的毛线，可以动手修剪出明显的层次喔！

创意设计款

韩剧里的Office Lady（黑色高腰裤）

高16.5厘米／宽8.5厘米

材料

1. 完成基本身体。

2. 黑色弹性布（复古高腰吊带裤）、银灰色布（上衣）、亮珠、黑色缎带（吊带）。

韩剧里的Office Lady（灰色西装裤）

高16.5厘米／宽8.5厘米

材料

1. 完成基本身体。

2. 稍有硬度的西装裤布料，亮珠，珍珠，亮晶晶、富有现代感的布（上衣）。

做法

1. 裤子：请参考P.75裤子的做法。
2. 衣服：请参考衣服的做法，剪出两片适合娃娃上身大小的衣型。

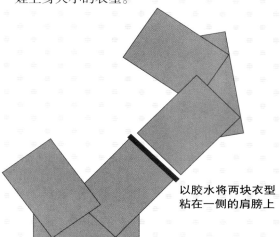

以胶水将两块衣型粘在一侧的肩膀上

3. 套上娃娃后再粘另一边肩膀及左右两侧接合处。
4. 银灰色亮面缎带粘在腰带位置。
5. 以色系接近的颜色串一些项链。

◎发型请参考P.76至P.83。

海岛民族的祭典

高16.5厘米／宽8.5厘米

材料

1. 完成基本身体。

2. 海岛风花布、缎带、编织头带（绑辫子的三股辫方式，也可以自行设计编法）。

做法

1. 裤子：请参考裤子的做法，裤子完成后套上两只脚，以亮面缎带当收尾，于裤头粘上一圈。
2. 上衣：剪出两片像粽子叶形状的布，长度约为后方腰部至肩膀再超过前方腰部的长度。

3. 然后上下往内折，以胶水固定，两边就会变成尖尖的。两条肩带在背后以胶水固定，于前方肚子的地方交叉，以胶水固定。
4. 长方形的布料以宽腰带方式围住身体一圈，于身体背后胶水固定。

注意：头上编织带为三条不同颜色缎带。

在红色点点处缝数针，当成固定点。三条缎带以绑三股辫的方式编织，编到想要的长度后以相同的方式缝数针固定，然后收针。

◎发型请参考P.76至P.83。

极简派
海军风

高16.5厘米／宽8.5厘米

材料

1. 完成基本身体。

2. 蓝白海军风布料、厚纸板（帽子）。

做法

1. 剪长方形，宽度约为娃娃胸围的3~4倍，预留打褶的空间。

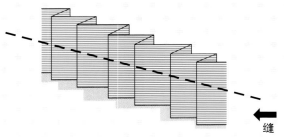

缝

2. 相同的方法缝出两条。

3. 裙子：请参考裙子做法三。

4. 将裙子以胶水粘上身体。

5. 上衣：先在胸部平口的位置粘上一件刚刚缝好的长方形打褶上衣，再在腰部粘上第二件。

6. 手腕上的装饰：一小段布围一圈，以胶水固定。

7. 帽子：

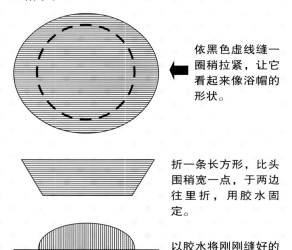

依黑色虚线缝一圈稍拉紧，让它看起来像浴帽的形状。

折一条长方形，比头围稍宽一点，于两边往里折，用胶水固定。

以胶水将刚刚缝好的浴帽做结合。

◎发型请参考P.76至P.83。

化装舞会
——跳跳青蛙女

高16厘米／宽8.5厘米

材料

1. 完成基本身体。

2. 绿色花布、两颗青蛙眼。

做法

1. 于胸线下方抓皱，缝数针或以胶水固定皆可，线条没有拘束。

2. 缝两条抓皱的波浪条粘在裙摆两侧，平针缝后拉紧。

◎发型请参考P.76至P.83。

慵懒俏女佣

高15厘米／宽8厘米

材料

1. 完成基本身体。

2. 黑白相间蕾丝缎带（上衣）、蓝色缎带两条、格子布。

做法

1. 裙子：请参考裙子做法三，完成后以胶水粘上身体固定。
2. 黑白相间的缎带一条围住胸部的地方。
3. 肩带位置粘上蓝色缎带固定。
4. 黑白相间的缎带再一条，围住腰部处，围一圈或两圈甚至数圈也没有关系。每个人缠出来的娃娃身体都不太一样，可自由调整。

◎发型请参考P.76至P.83。

最后的纪念——冬季

高15厘米／宽8厘米

最后的纪念——夏季

高15.5厘米／宽8厘米

纪念版乃纯欣赏，恕不提供做法。

好天气！
到河堤放风筝吧！

高15厘米／宽8厘米

材料

1. 完成基本身体。
2. 黄色小花布（上衣）、碎花布（裙子）、鹅黄色缎带、酷炫骷髅纽扣。

做法

1. 上衣：请参考短袖上衣做法领口加强"V"字形，领口往内折，让它有立体感。
2. 裙子：请参考裙子做法三或是四，再以相同的碎花布做出裙头后再粘上裙头。
3. 将裙子粘上身体后，再以鹅黄色缎带为腰带，后高前低粘上。

◎发型请参考P.76至P.83，刘海于最后以直式粘上。

戴了画家帽
也不见得是画家

高15厘米／宽8厘米

材料

1. 完成基本身体。
2. 蓝色绒布、毛线（细肩带）、蓝白小花两朵、深蓝色亮面缎带（点缀裙子）、黄色小花朵亮片。
3. 帽子：蓝色绒布、厚纸板、珍珠、圆规。

4. 手提包：蓝色绒布、水滴形状亮钻、珍珠或糖果珠（提把）、棉花球数粒。

做法

1. 上衣：绒布剪出两个三角形，于三角形顶端内部直接粘上肩带，肩带直绕到后腰部。（没错！她的背是镂空的，性感！）

2. 裙子：请参考裙子打褶法的第四种拉紧，边缝边调整。

3. 裙子完成收针后，缝上两朵小花或是以胶水粘上也可以。

4. 裙子上的缎带：以前方做起始点，绕完一圈回到前方时稍微往下，不用回到原点，以交错的方式进行，最后以胶水固定。

5. 黄色小花亮片随机粘上装饰。

6. 帽子：在厚纸板上画出圆形，在圆形中央再画个圆形，并把中央的圆形挖掉。

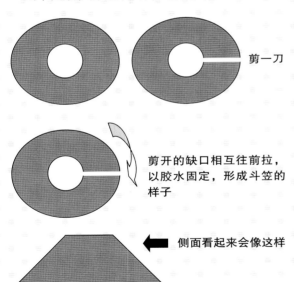

剪一刀

剪开的缺口相互往前拉，以胶水固定，形成斗笠的样子

侧面看起来会像这样

以蓝色绒布包覆半三角锥的厚纸板。

在厚纸板内部涂一层胶水，由上方覆盖，往厚纸板内部折。简单地说，就是以绒布包住一整个厚纸板，基本的帽型已经出来啰！于顶部缝上一颗珍珠或是亮片后即完成。

7. 手提包：绒布剪出马蹄形×2片。

两片布
背面朝外

返口

沿着虚线缝，要留一个返口翻面喔！

（1）将翻面完成的绒布塞入数颗棉花球，这样包包看起来鼓鼓的较有立体感。

（2）将预先准备好的珍珠或糖果珠串成圆形或是一直线，在绒布包内部点上胶水，将珍珠串成的手把两端往绒布包内部粘住固定。

（3）手把粘进去后再以胶水将绒布包的返口收起来后即完成。

◎发型请参考P.76至P.83。

魔术师的性感助理

高16厘米／宽8厘米

材料

1. 完成基本身体。

2. 网纱（裙子）。

3. 缎带（上衣）。

4. 火柴棍一根。

做法

1. 上身：缎带于胸前位置扭半圈，围到背后以
   胶水固定。

2. 吊带：从前腰开始到后腰以胶水固定。

3. 裙子：网纱对折后，缝数针拉紧。用同样的
   方法做出四片，以左右各两片的方式以胶水
   固定在身体上。

时尚Party我最靓

高16厘米／宽8厘米

材料

1. 完成基本身体。

2. 稍有硬度的布料（裙子）、素色布（上
   衣）、毛绒绒布、透明性感的网纱（性感的
   网袜）。

做法

1. 上衣：以平口的方式围一圈后以胶水固定。

2. 要先做袜子喔！请参考袜子的做法。

3. 裙子：请参考裙子的做法拉紧，布料约是腰
   围的2～3倍宽，才有抓皱的空间，腰部及下
   方都是用拉紧的方法做出皱褶。

也可边缝边拉
紧做调整

也可边缝边拉
紧做调整

4. 毛绒绒的布料剪下一条约肩膀一圈的宽度
   后，在身体后方以胶水固定。

◎发型请参考P.83道明寺妈妈头篇。

◎发型请参考P.83道明寺妈妈头篇。

特殊人物造型款

散步到澡堂

高14厘米／宽8厘米

材料

1. 完成基本身体。

2. 印花布、缎带。

做法

1. 上衣：请参考上衣做法长袖篇。

2. 裙子：圈住下身两到三圈后于背后固定。

3. 在白色缎带上多加两个颜色的细缎带，固定
   于背后。

◎发型请参考P.82盘发篇。

◎发型请参考P.82盘发篇。

《倚天屠龙记》
——小昭

高15.5厘米／宽8厘米

材料

1. 完成基本身体。

2. 玫瑰花色布、缎带。

做法

1. 上衣部分请参考上衣长袖的做法。

2. 裙子：宽约是娃娃腰围的1.5倍，剪出下方的形状。然后在斜边下方以胶水粘上缎带固定。

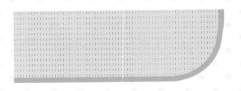

3. 将裙子粘上身体后，以缎带当成宽腰带围一圈于身体后方固定。

4. 腰带装饰可以简单，也可以多几条不同颜色的搭配出不同效果。

◎发型请参考P.76中分绑发篇。

宝剑不离身

高15厘米／宽8厘米

材料

1. 完成基本身体。

2. 玫瑰布、网纱、亮面缎带、宝剑一把。

做法

1. 里面的平口衣往内折小一段后，再加一截粉红色缎带装饰，围住娃娃身体一圈，于背后粘合固定。

2. 外罩网纱单面太薄，可以对折后再进行，请参考上衣（长袖的做法）。

3. 亮面缎带沿着网纱的领口边固定延伸，为外罩网纱多加上一点色彩。

4. 再加上一条腰带固定在高腰处。

◎发型请参考P.76至P.83。

未来感机器人

高16.5厘米／宽8厘米

材料

1. 完成基本身体。

2. 素色布、花纹布、小碎花布。

做法

1. 裙子：请参考裙子的做法三，完成后粘上身体。

2. 素色布以平口小可爱方式粘上固定，长度稍比裙头长一些（可以盖住裙头顺便修饰）。

3. 上衣剪出长方形，以胶水从背后固定，连同肩膀包覆一圈（高于肩膀）。

4. 在腋下处剪开布料，往内折以胶水固定。

5. 将肩上方多余的布料以胶水压紧粘合，固定出立体感，做出硬挺的垫肩。

◎发型请参考P.76至P.83，原理是P.81 BOBO头的延伸，毛线量要足够才能如此蓬松。

新娘

高16.5厘米／宽8厘米

材料

1. 完成基本身体。

2. 蕾丝缎带、蕾丝布、

喜宴上送给客人喜糖用的"礼服纱袋"（可
遇不可求）。

做法

1. 上衣的部分，用喜宴得到的婚礼小物直接贴
上，以蕾丝缎带再加个肩带。

2. 裙子：蕾丝布请参考裙子做法三，粘上固
定，再以蕾丝缎带在腰际围一圈，于前方交
叉做固定。

注意：发型的部分，毛线不用剪成一根一根，
几乎是一气呵成地以绕圈的方式盘发完
成，再加上蕾丝缎带及网纱完成新娘头
纱。头纱可以先粘在缎带内部，直接盖
上去即可。

◎发型请参考P.76至P.83。

草莓奶沙
粉红飘

高16.5厘米／宽8厘米

材料

1. 完成基本身体。

2. 玫瑰红及白色缎面布、糖果珠、鱼线、水滴
亮钻、亮面缎带。

做法

1. 白色缎面布先在身体围一圈，适长即可。

2. 粉红缎带以相间的方式一圈一圈粘上，间距
自定。

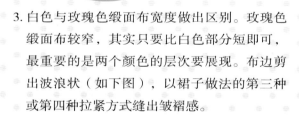

彤言彤语

高16.5厘米／宽8厘米

材料

1. 完成基本身体。

2. 台湾大红花布。

做法

1. 上衣：请参考无袖的做法。

2. 短裤：请参考裤子的做法。

3. 靴子：可参考P.84配件篇。

◎发型请参考P.78长发篇，偏分，一根一根粘
上，再加数根鲜艳的毛线，看起来像挑染的
发型。

3. 白色与玫瑰色缎面布宽度做出区别。玫瑰色
缎面布较窄，其实只要比白色部分短即可，
最重要的是两个颜色的层次要展现。布边剪
出波浪状（如下图），以裙子做法的第三种
或第四种拉紧方式缝出皱褶感。

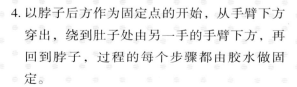

4. 以脖子后方作为固定点的开始，从手臂下方
穿出，绕到肚子处由另一手的手臂下方，再
回到脖子，过程的每个步骤都由胶水做固
定。

布边剪出波浪状

5. 帮她设计一串项链，以鱼线自由排列糖果珠，最后加上水滴钻装饰即完成。

◎发型请参考P.78长发篇，往同一方向粘。

喷泉精灵

高16.5厘米／宽8厘米

材料

1. 完成基本身体。

2. 雪纺纱、亮面缎带。

做法

1. 斜肩雪纺纱部分：先将雪纺纱剪好。

2. 参考裙子打褶做法，建议用第三种方式。

3. 湖蓝色的缎带可以让颜色更丰富，也可以修饰露线部分，然后以斜肩的方式粘上固定。

4. 将雪纺纱剪出像是番薯的形状，从腰部开始以螺旋的方式绕出裙子。（建议可以在看不见的地方点上一点胶水做定型，再慢慢调整裙子的形状，如此才不会因调不好而大发脾气！）

5. 湖蓝色的缎带随着裙子的方向及流向做装饰，随意就好，以胶水固定。

◎发型请参考P.82盘发篇。

Flora芙萝拉

高16.5厘米／宽8厘米

材料

1. 完成基本身体。

2. 黄色雪纺纱、棉花棒、黄色毛线、玫瑰花朵、糖果珠、鱼线（串糖果珠用）、亮面缎带。

做法

1. 上衣：以平口方式在背后固定。

2. 裙子：打褶方法建议用P.74裙子做法四拉紧的方式。

3. 色系接近的缎带，从脖子开始绕到脖子后再回到前面肚子处以胶水固定。

4. 串一串可爱的糖果珠挂在腰上（也可以用胶水固定）。

5. 线缠出一截一截，以直式数根缠出罗马鞋。

6. 黄色毛线螺旋式缠绕棉花棒，以胶水粘上数朵玫瑰花。

◎发型请参考P.76至P.83。

书中作品所用到的手工材料，在各地的布料市场可以买到。也可以选择在淘宝网（www.taobao.com）购买，直接搜索您需要的手工材料名称即可。小编为您推荐以下几家不错的淘宝店供参考。

创艺天天手工坊　　　　http://shop58141361.taobao.com/

天骄的手工布艺坊　　　http://buzhibujue.taobao.com/

MATA玛塔布吧　　　　http://shop33211456.taobao.com/

海蒂布工房　　　　　　http://shop35728140.taobao.com/

瑞格手工坊　　　　　　http://rgdiy.taobao.com/

迪鸥手工玩具有限公司　　http://shop33303223.taobao.com/

葡萄园手工布艺坊　　　http://shop33205230.taobao.com/

欢迎广大手工爱好者加入手工QQ群，交流经验，展示作品，分享快乐……

爱上手工生活QQ群号：89778295

幸福手作馆QQ群号：12192100

不要只是纯欣赏，一起动动手，绕出属于你的手作毛线娃娃吧！

版贸核渝字（2009）第093号

图书在版编目（CIP）数据

疗愈系的手作毛线娃娃 / 怡宁著 . — 重庆 ： 重庆出版社，2014.2

ISBN 978-7-229-07336-7

Ⅰ．①疗… Ⅱ．①怡… Ⅲ．①绒线—玩偶—制作

Ⅳ．① TS958.6

中国版本图书馆CIP数据核字（2013）第310041号

疗愈系的手作毛线娃娃

LIAOYUXI DE SHOUZUO MAOXIAN WAWA

怡　宁　著

出 版 人：罗小卫
责任编辑：杨秀英
责任校对：廖应碧
封面设计：赵景宜

重庆出版集团
重庆出版社　出版

重庆市长江二路205号　邮政编码：400016　http:www.cqph.com

重庆市国丰印务有限公司印刷

重庆出版集团图书发行有限公司发行

E-MAIL：fxchu@cqph.com　邮购电话：023-68809452

全国新华书店经销

开本：787mm×1092mm　1/16　印张：6.5　字数：65千

2014 年 2 月第 1 版　2014 年 2 月第 1 次印刷

ISBN 978-7-229-07336-7

定价：28.00 元

如有印装质量问题，请向本集团图书发行有限公司调换：023-68706683